PAPUS

LES DISCIPLES DE LA SCIENCE OCCULTE

FABRE D'OLIVET

ET

SAINT-YVES D'ALVEYDRE

Laissé parler les gens et suis toujours ta ligne.

(P. THÉODORE.)

PARIS

G. CARRÉ, LIBRAIRE-ÉDITEUR

58, RUE SAINT-ANDRÉ-DES-ARTS, 58

1888

AVANT-PROPOS

Combien de réputations littéraires sont faites sur l'avis des gens qui ne connaissent pas une ligne de ceux dont ils parlent ! Un auteur passe plusieurs années de sa vie à élaborer une œuvre consciencieuse, et, le premier venu peut, sans même en lire quatre pages, lancer une épithète quelconque trop souvent répétée par la foule. Il est du devoir de tout honnête homme de protester contre de tels procédés au nom de la justice et de la loyauté. Nous avons fait nos efforts pour exposer les doctrines respectives de Fabre d'Olivet et de Saint-Yves d'Alveydre, telles du moins que nous les comprenions. Nous n'avons à invoquer devant nos lecteurs qu'une seule considération, c'est que nous avons eu l'honnêteté de lire en entier les ouvrages des auteurs dont nous parlons et nous supplions tous ceux qui voudront les juger impartialement de ne pas nous croire avant d'avoir agi de même.

FABRE D'OLIVET

ET SAINT-YVES D'ALVEYDRE

Quand, après avoir vaincu le dragon des préjugés, le chercheur s'enfonce dans l'étude aride de la science occulte, que de déceptions ne rencontre-t-il pas ? Tel auteur, qui semblait conduire au but tant désiré, déconcerte tout à coup par une phrase énigmatique, tel autre enferme son secret sous les mystérieux symboles, à tel point que le lecteur, découragé, rejette avec rage les bouquins poudreux dans l'encoignure ignorée qu'ils ne quitteront sans doute jamais plus.

Heureux toutefois qui persévère ! Devant l'opiniâtreté victorieuse, les obstacles s'écroulent un à un : les textes s'éclairent ; les idées s'enchaînent, et quelque jour la pure lumière des principes se montre, inondant de bonheur l'âme de l'audacieux chercheur. C'est alors qu'il veut remettre à leur place les vieux maîtres oubliés, c'est alors qu'il se présente aux contemporains, porteur de cette Vérité qui doit changer la face du monde ; mais il descend de trop haut pour être compris.

Louis Lucas retrouve dans l'Alchimie (1) les principes généraux faute desquels notre Physique, notre Chimie, notre Astronomie,

____

(1) « Honneur à vous, grands philosophes, modestes savants, vieux alchimistes enfermés dans la fosse commune, que vous devez à d'infatigables collecteurs et à quelques pieux bibliophiles !... Honneur à vous, savants chercheurs, que la popularité n'a jamais caressés de son aile éblouissante ; mais dont les travaux sont dilapidés par les plagiaires de tous les pays ! Je me fais gloire d'être l'un de vos plus fervents disciples et je vous tends la main à travers la tombe ! » (Louis LUCAS. *Médecine nouvelle*, p. 15.)

n'ont aucun lien ; Louis Lucas meurt de désespoir. Aucun savant ne mentionne ses expériences actuellement oubliées ; son nom même ne se trouve dans aucune biographie. Les disciples de la Science Occulte sauront s'en souvenir.

Hœné Wronski pénètre de toute la force de son génie dans l'Absolu et rapporte aux Académies la reforme des mathématiques : Hœné Wronski meurt de faim. Quelques lignes de biographie annoncent à la Postérité qu'il était sans doute fou puisque ses œuvres sont incompréhensibles. Incompréhensibles ou incomprises ? demanderons-nous.

Fabre d'Olivet veut poursuivre les principes jusque dans leur domaine le plus reculé ; rien ne fatigue ses recherches, ni le nombre des textes, ni leur obscurité, ni les langues diverses qui les composent, il apprend tout : Fabre d'Olivet meurt dans l'indigence, presque dans la misère, et, comme il a quelque peu ému les esprits supérieurs de son temps, on ne peut taire son nom, et l'on se venge en salissant la mémoire d'un des plus grands érudits du xixe siècle. Ecoutez et jugez :

« Fabre d'Olivet, littérateur médiocre, de la même famille que Jean Fabre (de Nîmes), né à Ganges (Hérault), en 1767, mort à Paris en 1825, a donné quelques romans et quelques poésies ; mais il est surtout remarquable par la tournure mystique de son esprit. Il prétendit avoir découvert la clef des hiéroglyphes, avoir retrouvé le vrai sens de la langue hébraïque, qui était, disait-il, restée ignorée jusqu'à lui ; il publia dans ce but *la Langue hébraïque restituée*, 1816 : cet ouvrage insensé fut mis à l'*Index*. Fabre prétendit avoir guéri des sourds-muets par une méthode secrète (1). » (Bouillet, *Dictionnaire d'Histoire et de Géographie*, 12e édition.)

Chercheurs, la carrière est ouverte ; voilà l'avenir que la société nous réserve ; suivez vos maîtres si vous en avez le courage. Après avoir été partout raillés, honnis et calomniés, si vous mourez de désespoir comme Lucas, de faim comme Wronski ou de dégoût comme d'Olivet, souvenez-vous de ceux qui ressuscitent les oubliés et quittez en paix ce monde, la Vérité vous survivra !

C'est donc un devoir de justice que nous venons accomplir, après l'éclatant témoignage rendu à cet auteur dans la *France Vraie* (2), en essayant d'exposer l'œuvre de Fabre d'Olivet.

Les faits parleront d'eux-mêmes en faveur du maître et nous

---

(1) Comparez cette biographie avec celle de « Bouillet, philosophe (?) français » aussi pompeuse que ridicule.

(2) Saint-Yves d'Alveydre, *La France Vraie. Pro Domo.*

prions d'avance le lecteur d'excuser la faiblesse de nos moyens eu égard à la grandeur de l'œuvre entreprise. Mais là ne doit pas se borner notre tâche.

Quelques critiques ont accusé un auteur contemporain, M. Saint-Yves d'Alveydre, d'avoir plagié Fabre d'Olivet. Nous devons donc exposer aussi, dans la mesure de nos faibles forces, l'œuvre de cet auteur, montrer les points où les travaux des deux chercheurs concordent, ceux où ils diffèrent, étudier leurs méthodes respectives et les conclusions auxquelles ils arrivent tous deux. Par là, sans vouloir nous-même être juge, nous fournirons à tous les moyens de décider la question en toute connaissance de cause.

Fabre d'Olivet vint à Paris en 1780. D'après le désir de ses parents, il devait se consacrer au commerce de la soierie. Les marchands ne virent pas souvent son nom sur leurs gros registres, car le jeune homme se consacre bientôt exclusivement aux lettres et à la musique et fait même quelques opéras.

Une grande envie de connaitre le torture; dans ses moments de méditation il rêve d'entreprendre une œuvre colossale, de synthétiser sous des lois supérieures l'ensemble de faits accumulés par l'humanité, de retrouver l'origine de celle-ci et ses destinées, en un mot de faire ce qu'il appelle dans plusieurs endroits de ses ouvrages l'*Histoire de la Terre*.

Une infatigable opiniâtreté le conduisit à la solution de ces terribles problèmes. Pendant vingt ans, il étudie dans la solitude, perdu parmi les petits employés d'un ministère. Il lit dans les originaux tous les auteurs de l'antiquité, grecs et latins. De là, il passe à l'étude de l'Égypte. En 1811, il guérissait un sourd-muet par un procédé découvert en déchiffrant un texte tiré d'un temple des Pharaons : son apostolat commençait.

Quels étaient donc ses moyens et par quelles méthodes était-il arrivé à de tels résultats?

Le phare qui le guidait principalement, c'était la linguistique.

Pénétrant jusqu'au fond du génie des langues, il en avait retrouvé l'origine. Vérifiant les auteurs Latins par les Grecs et chacun d'eux par tous les autres, il parvint à édifier un lumineux résumé synthétique de leurs doctrines qu'il condensa sur le nom du sage le plus vénéré de la Grèce : les *Vers dorés de Pythagore* parurent en 1813.

Pythagore! c'était le lien vivant qui réunissait la jeune civilisation grecque aux antiques Égyptiens; c'était le trait d'union entre l'Orient et l'Occident !

Les *Vers dorés de Pythagore* renferment en un seul volume la somme d'érudition la plus forte qu'ait peut-être produit le xixᵉ siècle ; c'est pourquoi les affirmations historiques de Fabre d'Olivet sont presque entièrement irréfutables, car, avant de les détruire, il faut détruire l'antiquité tout entière.

Notre auteur était remonté bien haut dans l'étude de ces origines ; mais il ne les possédait pas encore dans leur totalité. Un monument se dressait devant ses investigations, impénétrable : c'était la Genèse du prêtre égyptien surnommé Moïse. Là devait se trouver cette cosmogonie que les savants d'Égypte n'enseignaient qu'au plus profond de leurs mystères, là étaient enfermées les clefs qui devaient ouvrir l'antiquité et toute sa synthèse.

Mais comment lire ces pages si profondes alors qu'elles semblent ridicules grâce aux ignorants traducteurs ?

Le véritable hébreu est perdu, se dit Fabre d'Olivet. Ce que nous appelons aujourd'hui la langue hébraïque n'est qu'une pâle copie de la langue des mystères : retrouvons ce mystérieux langage et nous tiendrons enfin la clef de toutes les cosmogonies.

Mettant en jeu toutes les ressources qu'il put tirer du samaritain, du chaldaïque, du syriaque, de l'arabe, du grec et même du chinois, en trois ans Fabre d'Olivet avait restitué la langue des mystères. Il avait instauré une grammaire si admirable qu'elle s'appliquait à presque toutes les langues-mères connues, tant les principes qui la constituaient étaient élevés. C'est grâce à cette grammaire qu'il *restitua* l'hébreu et découvrit les trois sens de ce mystérieux langage constitué en corps, esprit et âme, à l'image de toutes les créations du collège des fils de Dieu.

Il traduisit alors les dix premiers chapitres de la Genèse de Moïse dans le second sens, ne voulant pas profaner les mystères du plus élevé, ni rester dans l'exotérisme du sens grossier. Il appuya la traduction de chaque mot d'un long commentaire, « prouvant l'interprétation de ce mot par son analyse radicale et sa confrontation avec le mot analogue samaritain, chaldaïque, syriaque, arabe ou grec ».

Pour renverser un monument aussi solidement bâti que la *Langue hébraïque restituée*, il faut plus qu'une calomnie bête de mysticisme, et le pape qui met un tel ouvrage à l'*index* fait preuve d'une ignorance qui peut causer sa ruine.

Les articles biographiques dans le genre de celui de M. Bouillet, cité ci-dessus, prouvent péremptoirement la lâcheté de ces gens qui ne se donnent même pas la peine de lire un auteur avant de salir sa mémoire.

Maîs passons sur ces petites misères inhérentes à tout apostolat et suivons Fabre d'Olivet dans ses travaux.

Possesseur d'une grande partie des principes premiers de l'univers, grâce à la cosmogonie de Moïse, il pouvait enfin réaliser son rêve.

Quelle méthode fallait-il suivre pour exposer en deux volumes l'évolution du genre humain?

Nos historiens modernes ignorent tous qu'il existe deux méthodes pour écrire l'histoire : l'une, la seule connue aujourd'hui, s'occupe des individus et des faits, considérés un à un ; l'autre, appliquée longtemps par les anciens, ne traite que l'évolution de la loi morale, sans s'occuper des individus ni des faits autrement que dans leurs rapports avec cette loi (1).

C'est la seconde méthode que suivit Fabre d'Olivet et, en six ans, il avait édifié l'œuvre qui résume toutes ses œuvres, l'*Histoire philosophique du genre humain* parue en 1822.

Il pose tout d'abord, dans cet ouvrage, la constitution intellectuelle de l'homme (2) et montre, dans la suite, l'action des milieux et des faits sur l'évolution d'une des races humaines, la race blanche. Il fait voir les vicissitudes que traverse cette race suivant qu'elle subit l'influence de la Providence, du Destin ou de la Volonté humaine, les trois grands principes qui dirigent l'univers.

Ce qu'il y a de remarquable dans cette étude, c'est la puissance prophétique des lois qu'il met en jeu. Cette puissance s'exerce non seulement sur le passé, mais encore sur notre présent. Nous reviendrons du reste tout à l'heure sur ce sujet.

Son œuvre accomplie, Fabre d'Olivet poursuivait une étude sur la cosmogonie de Moïse (3) quand l'ouvrage de lord Byron, *Caïn*, lui tomba dans les mains. Il ne lui fallut pas longtemps pour reconnaître, sous les admirables beautés de la forme, l'infernale perversité du fond. Le Caïn de lord Byron lui apparut comme une incarnation de Nahash, de l'esprit d'égoïsme et d'orgueil, nommé par les chrétiens Satan. Toute sa science se leva contre ces fausses doctrines, et le commentaire qu'il fit pour réfuter cette œuvre est un des plus beaux livres de morale scientifique que nous ayons pu lire. Dans une lettre-préface au poète anglais, Fabre d'Olivet donne un résumé aussi clair que plein d'érudition de l'histoire de la Bible.

C'est aussi dans *Caïn* que Fabre d'Olivet éclaire de nouvelles

---

(1) V. les *Vers dorés de Pythagore*.
(2) V. n° 11 du *Lotus*.
(3) Qui n'a malheureusement jamais paru.

lumières la Cosmogonie de Moïse en définissant Nahash, Adam, Ève, Caïn, Abel dans leurs rapports ésotériques.

Telles sont les œuvres importantes de Fabre d'Olivet : *Les Vers dorés de Pythagore*, 1813 ; la *Langue hébraïque restituée*, 1816 ; l'*Histoire philosophique du genre humain*, 1822 ; *Caïn*, 1823.

Nous connaissons maintenant les livres dans lesquels Fabre d'Olivet expose ses doctrines ; est-il possible de les résumer ?

Nous allons nous efforcer de le faire de notre mieux ; mais nous prévenons le lecteur qu'aucun résumé, pour aussi bien exposé qu'il paraisse, ne remplace l'original. Les gens qui apprennent les opinions des auteurs dans les résumés biographiques sont condamnés à ne jamais comprendre vraiment un système philosophique.

Ayant lu les œuvres de Saint-Yves d'Alveydre autant que celles de Fabre d'Olivet, nous serions exposé peut-être à établir déjà une comparaison entre les systèmes différents de ces deux auteurs nourris à des sources communes. Aussi remplacerons-nous notre exposé par des citations d'une critique fort bien faite, parue en 1825 à propos de l'*Histoire philosophique du genre humain*.

Nous allons diviser ce résumé en trois parties : 1° Théorie cosmogonique de Fabre d'Olivet ; 2° ses théories historiques et ses conclusions sociales ; 3° ses théories morales.

1. *Théorie cosmogonique.* — La cosmogonie de Fabre d'Olivet dérive tout entière de la cosmogonie de Moïse. Mais il faut avoir lu sa traduction du *Sepher Bereschit* pour comprendre combien l'idée ésotérique des Égyptiens sur la création diffère des naïvetés que les traducteurs exotériques font dire à Moïse.

Pour s'en convaincre, il suffit de lire comparativement les deux traductions. Le premier mot constitue une pierre de touche infaillible.

Toute traduction de la Genèse qui débute par : *Au commencement* est exotérique et par ce fait, fausse.

Le véritable début c'est : *Dans le Principe.*

Ainsi toutes choses sont créées en *Principiation*, en *Pensée* avant d'exister en *Acte*. De la création en Principiation les choses passent à celle en *Astral* et de là en *Matériel*.

On comprend sans peine comment toute la Genèse s'éclaire à ces lumières. Les noms propres ne désignent pas des individus ; mais des principes. Voyons l'application de cette théorie cosmogonique à l'homme. Je cite l'excellent résumé que M. Boisquet a fait des conceptions de Fabre d'Olivet :

« L'homme (le règne hominal, Adam), créé par Dieu à son image, pour être une des trois grandes puissances qui régissent l'univers, fut constitué en principe. Il se développait paisiblement dans une enceinte protectrice, mais lorsqu'il eut atteint une partie de ses forces, le feu interne, nécessaire à l'acroissement de toute création, devint dans lui une passion aveugle et ardente ; dans son délire il voulut se saisir du pouvoir extérieur, devenir créateur, et l'égal de celui à qui il devait l'existence. A l'instant même tout se matérialisa autour de lui, et cet être eut été éternellement malheureux, si Dieu, qui avait prévu sa désobéissance, ne lui eût donné les moyens de parvenir à la croissance infinie qui lui était destinée par son origine, et de se racheter en même temps de la faute qu'il avait commise.

« Précipité de sa gloire, l'homme fut condamné à élaborer la nature entière, en entrant en lutte avec le Destin qu'il s'était fait, et celui qu'il allait se faire ; et n'eut pour soutien dans son immense travail que l'aide de la Providence divine, qu'il pouvait reconnaître ou méconnaître.

« Il parut sur la terre dans une nature trine ou quaternaire, suivant la manière de l'envisager : doué en principe de toutes les forces, de toutes les facultés dont il peut être revêtu par la suite, mais ne possédant en acte aucune de ces choses. Les premières races qui parurent furent faibles et débiles, et se développèrent par la nécessité, comme nous voyons les enfants croître et se fortifier par l'âge et l'exercice.

« Trois races s'élevèrent, ou simultanément, ou l'une après l'autre, dans des lieux différents. La race rouge fut originaire de l'Atlantide, la race noire parut en Afrique et la race jaune prit naissance en Asie. Ces trois races parvinrent peu à peu à la plénitude des connaissances que l'état social peut acquérir, et se disputèrent le sceptre du monde. Mais la race rouge, établie dans une île très considérable, finit par opprimer les deux autres, et se rendre maîtresse de l'univers. La perversité des Atlantes devint si grande que la Providence les abandonna entièrement. L'île Atlantique fut *enfondrée* par le déluge et les eaux lavèrent avec une extrême violence presque tous les continents. Dans cet effort terrible, les terres boréales sortirent du sein des mers et furent le berceau de la race blanche. C'est au développement de cette race que M. Fabre d'Olivet s'est principalement attaché (1). »

Quelques points de détail de ce résumé sont inexacts ; mais ils sont si peu nombreux que je n'ai voulu rien couper pour ne point

---

(1) F. Boisquet : Trois articles sur l'ouvrage intitulé *De l'État social de l'homme*, 1825.

nuire à l'ensemble qui est très clair. La fin de ce résumé montre la transition par laquelle Fabre d'Olivet passe de sa théorie cosmogonique à sa théorie historique.

Quelques citations du *Caïn* vont mieux faire comprendre la cosmogonie de Fabre d'Olivet en montrant comment il conçoit Adam et Ève, Caïn et Abel.

Inutile de répéter que l'acception que Fabre d'Olivet donne à ces noms est scientifiquement et rigoureusement déduite des racines ésotériques de la langue de Moïse :

« Adam est ce que j'ai appelé le *Règne hominal*, ce qu'on appelait improprement le *Genre humain* ; c'est l'*Homme* conçu abstractivement : c'est-à-dire la masse générale de tous les hommes qui composent, ont composé, ou composeront l'*Humanité* ; qui jouissent, ont joui ou jouiront de la *Vie humaine* ; et cette masse ainsi conçue comme un seul être, vit d'une vie propre, universelle, qui se particularise et se réfléchit dans les individus des deux sexes. Considéré sous ce dernier rapport, Adam est mâle et femelle.

« Soit qu'Adam se conçoive dans son essence universelle ou particulière, Ève est toujours sa faculté créatrice, sa force efficiente, sa volonté propre, au moyen de laquelle il se manifeste à l'extérieur. Dans le principe de son existence universelle, Eve n'est pas distinguée de la faculté créatrice universelle dont émane Adam. Ce n'est qu'au moment de sa distinction qu'Adam devient un être indépendant et libre, et qu'il peut exercer à l'extérieur, selon sa volonté propre, sa force efficiente, créatrice. C'est toujours par Ève qu'Adam se modifie en bien ou en mal. Ève fait tout en lui et hors de lui.

« Caïn et Abel sont les deux forces primordiales de la nature élémentaire. Ce sont les deux premiers êtres cosmogoniques produits par Ève, après que, par un certain mouvement vers la nature élémentaire, elle a perdu son nom d'*Aïsha*, qui désignait la nature intellectuelle d'Adam, pour prendre celui d'*Ève*, qui n'exprime plus que la vie matérielle de cet être universel. C'est dans cette vie matérielle que Caïn et Abel ont pris naissance, et que leurs principes, qui y étaient en puissance d'être, dès l'origine des choses, sont passés en acte pour produire tout ce qui doit à l'avenir constituer cette vie. Caïn peut être conçu comme l'action de la force compressive, et Abel comme celle de la force expansive. Ces deux actions, selon la forme desquelles tout existe dans la nature, issues de la même source, sont ennemies dès le moment de leur naissance. Elles agissent incessamment l'une sur l'autre, et cherchent à se dominer réciproquement, et à se réduire à leur propre nature. L'action compressive, plus énergique que l'action expansive, la surmonte toujours dans l'origine ; et l'accablant pour ainsi dire, compacte la substance universelle sur laquelle elle agit et donne l'existence aux formes matérielles qui n'étaient pas auparavant. »

Dans sa *Langue hébraïque restituée*, Fabre d'Olivet traduit, d'après le même système, les dix premiers chapitres de la Genèse. C'est à ce livre remarquable que nous renvoyons, faute de place, les chercheurs qui désirent approfondir cette théorie cosmogonique.

2. *Théories historiques.* — L'histoire, telle que nous la présente Fabre d'Olivet, peut être divisée en deux portions bien distinctes. L'une d'elles s'étend depuis Napoléon jusqu'au point où nous commençons au collège l'étude des temps historiques (Égypte, Grèce primitive, Orphée, Hésiode, etc.) ; l'autre s'étend depuis cette époque jusqu'à l'origine de la Race Blanche.

Il montre cette race naissant sur les terres boréales au moment où la Race Noire est maîtresse de la terre ; puis la rencontre des Noirs et des Blancs, leurs luttes ; la civilisation progressive des Blancs, leur victoire sur les Noirs qu'ils chassent d'Europe et enfin la conquête de l'Inde par Ram, druide aryen, qui nous ramène aux temps dits historiques.

Mais le point capital de l'étude historique de Fabre d'Olivet, ce n'est pas l'enchaînement des faits, pour aussi ingénieux qu'il paraisse, c'est l'évolution des trois grands principes : Providence, Volonté humaine, Destin, qui donnent la raison d'être de ces faits :

« L'homme, créé libre pour être une des grandes puissances de l'univers, est précipité de son état glorieux, avant qu'il eût atteint son complément. Il est obligé de se diviser pour racheter sa faute et élaborer sa propre nature. Placé sur la terre, il a contre lui le Destin qu'il s'est fait et qu'il va se faire, et n'a pour aide, pour soutien immédiat dans ce grand travail, que la Providence divine. De là trois principes de politique générale toujours en contact.

« La Providence qui, par sa nature céleste, tend toujours à l'unité. Elle devient en politique le principe des théocraties, elle donne toutes les idées religieuses et préside à la fondation de tous les cultes ; il n'est rien d'intellectuel qui ne vienne d'elle, elle est la vie de tout ; son but est l'empire universel.

« Le Destin, qui donne la forme et la conséquence de tous les principes mis en action. Il n'y a rien de légitime hors de lui. Il est le principe des monarchies et le triomphe de la nécessité.

« Enfin la Volonté de l'homme, qui possède un mouvement d'action et de progression ; sans elle rien ne se perfectionnerait. Elle est le principe des républiques, le triomphe de la liberté, et la réalisation de tout ce qui peut être tant en bien qu'en mal.

« Ainsi chaque fois que les peuples sont trop opprimés par le Destin, ou trop corrompus par la Volonté de l'homme, il faut qu'il y ait réaction par la Providence, pour éviter la ruine totale des États, et l'interruption du travail de l'homme universel (1). »

Voyez maintenant l'application de cette sorte de prophétie par connaissance des principes sociaux, dont j'ai parlé tout à l'heure, dans le résumé suivant :

« Chaque fois que les hommes, emportés par une ambition et une cupidité sans bornes, sont parvenus à établir un point central d'où ils peuvent développer les combinaisons de ce funeste binaire, signalé comme la ruine de tous les États par les sages de l'antiquité, il faut que le monde entier soit bouleversé dans ses rapports sociaux.

« Ce binaire consiste à réunir dans une capitale les trois aristocraties centrales, sur des bases totalement fausses, en annulant tous les droits publics qui pourraient leur servir de balancement. L'aristocratie ecclésiastique, après avoir matérialisé les croyances religieuses, perd sa considération ; au premier bouleversement, on lui ravit ses biens, on la chasse, ensuite on la rappelle et on la solde pour la forcer d'agir dans une loi contraire à la loi religieuse qui la constituait.

« L'aristocratie militaire centrale, qui ne peut avoir de poids que par la destruction des droits civils des militaires provinciaux, est obligée de se lier avec des financiers pour atteindre à ce but ; et dès qu'elle y touche, la première révolution la ruine de fond en comble. On lui enlève ses richesses et ses droits usurpés, et elle ne peut les remplacer que par des honneurs éphémères, les faveurs des rois, les dilapidations du trésor public ou des associations sourdes dans des affaires d'un commerce détestable.

« L'aristocratie spéculante abîme alors le commerce naturel, renverse tous les balancements provinciaux, détruit tous les liens des peuples, accumule les richesses, crée de nouvelles valeurs, métamorphose jusqu'au sein de la terre, sème avec une rapidité incroyable une corruption impossible à décrire, et cherche des consommateurs et des victimes jusqu'aux confins de l'univers. »

Quelle est pour Fabre d'Olivet la conclusion sociale qui se dégage de toute cette théorie ?

C'est l'établissement d'une société fondée entièrement sur la

______

(1) Bousquet, loc. cit.

religion, d'une théocratie, et la création des *castes*. Ce point est très important à noter.

3. *Théories morales.* — La Cosmogonie doit être ici d'une importance capitale; car c'est par elle que Fabre d'Olivet arrive à la solution des plus hauts problèmes de Morale dans son *Caïn*.

Avant d'aborder la façon dont il conçoit l'origine du Mal et son remède, voyons la définition de cette force subtile qui sera la cause de l'entraînement de l'Homme universel.

« *Nahash* caractérise proprement ce sentiment intérieur et profond qui attache l'être à sa propre existence individuelle et qui lui fait ardemment désirer de la conserver ou de l'étendre.

« *Nahash* est plutôt, si je puis m'exprimer ainsi, cet égoïsme radical qui porte l'être à se faire centre et à tout rapporter à lui.

« Moïse dit que ce sentiment était la passion entraînante de l'animalité élémentaire, le ressort secret ou le levain que Dieu avait donné à la nature.

« *Nahash harym* ne serait pas un être distinct, indépendant, tel que vous avez peint Lucifer d'après le système que Manès avait emprunté des Chaldéens et des Perses; mais bien un mobile central donné à la matière, un ressort caché, un levain, agissant dans la profondité des choses, que Dieu aurait placé dans la nature corporelle pour en élaborer les éléments. »

Telle est la force qui va pousser Adam à envahir de son esprit la science créatrice. Pourquoi cette science cause-t-elle sa perte? Fabre d'Olivet répond par une comparaison, puis par un discours d'Adam à Caïn.

« La vie et la science sont également bonnes; mais elles demandent à être réunies convenablement et proportionnées l'une à l'autre.

« Quoiqu'un enfant jouisse de la vie dès le moment de sa naissance, sa vie encore faible, et pour ainsi dire à son aurore, n'a point assez de vigueur pour résister aux moindres ébranlements du corps et de l'âme, qu'elle supportera plus tard. Si l'on considère cet enfant du côté des aliments, on voit qu'il n'a besoin que d'un lait léger, et que, si on lui donnait autre chose, si on prétendait le nourrir de la même manière qu'un homme fait, on le tuerait inévitablement. Ce qui a lieu pour le corps, a également lieu pour l'âme. Si de trop bonne heure elle éprouve les secousses des fortes passions, elle y succombe. L'esprit est dans le même cas. La science, qui est son partage, doit lui être donnée avec ménagement. Vouloir qu'un enfant sache dans sa tendre jeunesse ce qu'il ne doit savoir qu'étant homme, c'est le perdre.

« L'Eternel Dieu, mon fils, avait donné la vie et la science l'homme ; mais la vie dans la fleur de l'adolescence et la science seulement en germe. Il voulait que l'une se développât avec l'autre, et qu'elles parvinssent ensemble à leur plus haut degré de plénitude et de perfection. L'homme savait que cela était ainsi et même ne pouvait être qu'ainsi. Il savait qu'une science précoce exposerait sa vie et même pourrait la lui ravir. Quant à ce qui est de cette absence de vie appelée *mort*, il n'en avait qu'une idée confuse. Tout ce qu'il en concevait, c'est que c'était un état redoutable. Un événement funeste dont il est inutile de te rendre compte, parce qu'il ne peut te regarder que dans ses résultats, et que tu ne le comprendrais pas dans son principe parce que tu n'es encore qu'un enfant, ayant mis toute la science à ma portée, je ne pus résister au désir de la posséder. Entraîné par une passion aveugle, et croyant échapper au danger dont j'étais menacé, je saisis le fruit qui m'était offert. Mon audace devança les temps, et mon esprit, en effet, envahit la science. Mais la prédiction de l'Éternel Dieu s'accomplit ; ma vie trop faible succomba sous le poids dont je l'avais accablée. Elle ne pouvait plus croître ; elle dut décliner. Un déclin éternel est la plus horrible des souffrances. L'Éternel Dieu me l'épargna en daignant changer le mode de ma vie. Alors tu naquis. Sans l'événement dont je t'ai parlé, tu ne serais pas né, Ève ne serait pas ta mère, ton frère n'aurait pas vu le jour, et l'humanité tout entière qui doit naître de vous n'eût pas existé. »

Ces prémisses établies, Fabre d'Olivet peut aborder l'exposition de ses idées sur l'origine du mal et ses remèdes :

« Ainsi donc les maux dont l'humanité se trouve malheureusement affligée sont les suites d'un accident, et n'entraient point du tout en principe dans le plan du créateur du Monde (comme veut le faire entendre Lucifer pour se disculper de les avoir amenés). Ces maux ne sont point éternels puisqu'ils sont renfermés dans un temps limité ; ils diminuent progressivement d'intensité à mesure que l'humanité s'étend, et dans le temps et dans l'espace, et ils finiront par disparaître entièrement en se confondant avec ce que les géomètres appellent les infiniment petits ; de la même manière, pour me servir d'une comparaison sensible, qu'une livre de sel, qui salerait fortement un seau d'eau, salera très peu une citerne, presque point un étang, et nullement un fleuve. »

L'espace et le temps, voilà donc les remèdes du mal que s'était fait Adam à lui-même, en se rejetant en arrière de l'Éternité. Ce mal aurait été éternel si Adam eût conservé sa vie universelle ; il dut se diviser dans l'Espace, pour se guérir et se diviser à l'infini, au moyen du temps. C'est lorsque cette division sera

achevée que le temps s'arrêtera, et que l'espace divisible dispa-
raissant, Adam retournera à son état primitif d'unité indivisible
et immortelle.

« Naître et mourir ne sont que la manifestation de ce mouvement mystérieux, qui porte de l'Immensité à l'Espace, et de l'Espace à l'Immensité ; de l'Eternité au Temps et du Temps à l'Eternité ; en sorte que pour elle la naissance et la mort ne seront plus
autre chose qu'un changement d'état, un passage de l'état d'essence
à celui de nature ou de l'état de nature à celui d'essence. »

Le lecteur peut voir, d'après ces quelques aperçus, un des plus
grands torts de Fabre d'Olivet : il est presque exclusivement
métaphysicien. Toutes ces démonstrations, pour aussi évidentes
qu'elles soient d'ailleurs, naviguent dans un milieu qui choque les
esprits positifs de notre époque. Que nous importent ces histoires
de la chute de l'homme, nous disent-ils, pourquoi discuter sur ce
péché originel, cause du mal ?

Il faut reconnaître avec eux les lacunes des démonstrations
exclusivement métaphysiques ; mais il faut aussi bien comprendre
qu'une explication, même métaphysique, est mille fois préférable
à l'invocation de l'*inconnaissable*. Le positiviste questionné sur
les origines reste coi et fuit lâchement ; alors que le métaphysicien accepte le combat.

Si ce dernier se trompe, au moins devons-nous honorer en lui
le courage qu'il a montré en se lançant dans la lutte.

Reconnaissons donc le défaut capital de Fabre d'Olivet, qui est
de s'être trop cantonné dans le domaine de la métaphysique ;
mais reconnaissons aussi la puissance de son érudition et les
secours immenses que ses œuvres peuvent fournir au philosophe,
au grammairien et à l'historien.

Ses ouvrages sont écrits dans un style facile et d'une clarté
excessive. Fabre d'Olivet ne vise jamais à l'effet et force l'évi-
dence à se manifester par l'art avec lequel il met en jeu toutes les
ressources de sa colossale érudition.

Peu de critiques se sont occupés de lui. A peine pouvons-nous
citer M. Boisquet en 1825 et Saint-Yves d'Alveydre (dans sa
France Vraie) de nos jours.

Toutefois, le système synthétique qu'il a mis au jour a exercé
une influence réelle sur les productions postérieures et on peut en
suivre les traces à travers l'*Humanité* de Pierre Leroux jusque dans la *Palingénésie sociale* de Ballanche.

Tel est Fabre d'Olivet : un grand érudit, un merveilleux philo-
logue, un homme d'un génie vraiment supérieur, mais malheureusement aussi un trop grand métaphysicien.

*
* *

Nous connaissons maintenant l'œuvre de Fabre d'Olivet au moins dans ses lignes générales ; exposons celle de Saint-Yves d'Alveydre.

Dès la première lecture, cet auteur apparaît comme un réalisateur d'une originalité très marquée. Rien de nébuleux dans son exposition, à la fois très affirmative et très élevée. L'histoire est là comme le champ expérimental dans lequel il manœuvre. Il énonce une loi, l'accompagne de définitions très nettes, et raconte une série de faits. A mesure qu'on avance dans cette exposition, la conclusion sort d'elle-même, éclatante, prouvant partout la justesse de la loi sociale énoncée.

Chacun de ses livres est un satellite dont la loi sociale qu'il appelle la Synarchie est le soleil, et tous ses livres gravitent autour de l'un d'eux, la *Mission des Juifs*, qui marque le point de départ et le point d'arrivée de tous ses travaux.

Que faut-il entendre par ce mot de Synarchie?

La Synarchie indique un type de gouvernement scientifiquement exact.

Il y a donc des gouvernements basés sur des principes scientifiquement déterminables et d'autres qui ne le sont pas ?

C'est à la réponse à cette question que Saint-Yves a consacré toutes ses œuvres. Nous allons les passer rapidement en revue pour en déduire autant que possible les conséquences.

La Mission des Souverains,

La Mission des Ouvriers,

La Mission des Juifs,

La Mission des Français,

Voilà le bagage littéraire de notre auteur.

La *Mission des Souverains* parut en 1882.

Dans cet ouvrage l'auteur établit tout d'abord sur des définitions nettes et claires les différents types de gouvernement qui peuvent s'appliquer à une collectivité quelconque.

La République, la Monarchie, la Théocratie sont définies dans leur principe, leur fin, leur moyen, leur condition radicale et leur garantie.

Ces points bien expliqués, l'auteur fait quelques distinctions indispensables à connaître, par exemple la différence entre la *Religion* et les *Cultes* et surtout celle entre l'*Autorité* et le *Pouvoir*. A ce propos, il s'appuie avec justesse sur la famille en montrant qu'en elle :

Le père exerce le pouvoir sur ses fils, la mère et le grand-père l'autorité.

C'est de ces définitions que découle la loi sociale dont l'histoire de l'Europe va montrer la vérification. La loi sociale éclate tout d'abord dans l'organisation de l'Église primitive où *tous les membres de l'épiscopat étaient égaux, élus par les fidèles, institués par leurs collègues de la même province, confirmés par le métropolitain.*

Il montre bientôt la violation de cette loi de relation des gouvernés aux gouvernants, du clergé et des fidèles, par l'évêque de Rome, instrumentaire lui-même de l'impérialat païen, qui s'érige en Empereur du clergé. Dès que ce césarisme se répercute à travers la papauté dans ces conditions, la Synarchie Judéo-Chrétienne n'existe plus et la loi païenne va seule diriger les actes des souverains d'Europe, le pape en tête.

L'histoire de notre continent se dresse tout entière pour montrer l'application fatale de cette loi, dans le cours de la *Mission des Souverains.*

En résumé dans ce livre l'histoire de l'Europe, gravitant autour de celle de la papauté, montre, preuves en main, la nécessité d'une réforme sociale synthétique. Nous reviendrons sur ce sujet.

La *Mission des Ouvriers* est une courte notice parue en 1883 et développée depuis dans la *France Vraie*. Aussi ne ferons-nous que la mentionner.

L'ouvrage capital de Saint-Yves d'Alveydre c'est sans contredit la *Mission des Juifs*, véritable synarchie de l'humanité, parue en 1884.

Nous ne pouvons, vu le manque de place, analyser même superficiellement cet énorme volume de près de 950 pages in-4. Notons-en cependant les points saillants.

La *Mission des Juifs* est divisée en vingt-deux chapitres. Les quatre premiers forment un tout spécial traitant des principes généraux de l'univers et de la connaissance qu'en avaient tous les peuples anciens ; les dix-huit derniers retracent l'histoire de l'humanité à travers plus de 8600 ans montrant partout que la loi sociale définie synarchie est bien l'instrument capable de diagnostiquer sûrement la résistance vitale d'une race, d'une natio etn même d'une société. Saint-Yves montre, preuves en mains, que le principe de la loi sociale a été connu dès la plus haute antiquité, dès la race rouge, et qu'il a été transmis dans les sanctuaires d'âge en âge jusqu'aux Égyptiens. De là Moïse a choisi un peuple pour en transmettre la formule à travers les siècles, et Jésus une race pour la réaliser. De là le nom de *Loi Sociale Judéo-Chrétienne.*

Enfin en 1887 paraissait la *France Vraie* ou *Mission des Français* dans laquelle l'Histoire de France depuis le xive siècle montre l'évolution de la Synarchie française, seul moyen de sauver la

Patrie de la perte à laquelle elle court fatalement. La *Mission des Juifs* ou Synarchie de l'humanité est le cercle dont la *Mission des Souverains* ou Synarchie de l'Europe est le rayon, et la *France Vraie* ou Synarchie de la France est le centre.

*
* *

Voilà l'analyse, malheureusement trop écourtée, des œuvres de Saint-Yves d'Alveydre ; essayons maintenant d'en exposer la conclusion.

Ce qui frappe en premier lieu le chercheur dans ces ouvrages, c'est la généralité de ces principes qui sont ici appliqués uniquement au social. Nous pouvons affirmer sans crainte d'être contredit que Saint-Yves d'Alveydre a trouvé la physiologie de l'Humanité, bien plus qu'il a déterminé la loi de relation des divers groupes de l'humanité entre eux.

Quoi qu'il dise, c'est la méthode de la Science Occulte, l'Analogie, qui a guidé partout les investigations de cet auteur, et pour le prouver nous allons exposer son idée de la Synarchie uniquement par la physiologie humaine. Ayant poussé particulièrement nos recherches vers ce point, il nous sera d'autant plus facile de l'exposer au lecteur.

Tout est analogue dans l'Univers, la loi qui dirige une cellule de l'homme doit scientifiquement diriger cet homme; la loi qui dirige un homme doit scientifiquement diriger une collectivité humaine, une nation, une race.

Étudions donc rapidement la constitution physiologique d'un homme. Point n'est besoin pour cela d'entrer dans de grands détails et nos déductions seront d'autant plus vraies qu'elles s'appuieront sur des données plus généralement admises.

L'homme mange, l'homme vit, l'homme pense.

Il mange et se nourrit grâce à son estomac, il vit grâce à son cœur, il pense grâce à son cerveau (1).

Ses organes digestifs sont chargés de diriger l'Économie de la machine, de remplacer les pertes par de la nourriture et de mettre en réserve les excédents à l'occasion.

Ses organes circulatoires sont chargés de porter partout la force nécessaire à la marche de la machine, de même que les organes digestifs fournissent la matière. Ce qui a la force, c'est un Pouvoir' les organes circulatoires exercent donc le Pouvoir dans la machine humaine.

---

(1) Il est entendu que nous parlons *physiologiquement* ; aussi ne faut-il pas s'étonner outre mesure de la tournure positiviste de cet exposé.

Enfin les organes nerveux de l'homme dirigent tout cela. Par l'intermédiaire du grand sympathique inconscient marchent les organes digestifs et circulatoires ; par l'intermédiaire du système nerveux conscient, les organes locomoteurs. Les organes nerveux représentent l'AUTORITÉ.

Économie, Pouvoir, Autorité: voilà le résumé des trois grandes fonctions renfermées dans l'homme physiologique.

Quelle est la relation de ces trois principes entre eux ?

Tant que le ventre reçoit la nourriture nécessaire, l'économie fonctionne bien. Si le cerveau, de propos délibéré, veut restreindre la nourriture, l'estomac crie : « J'ai faim, ordonne aux membres de me donner la nourriture nécessaire. » Si le cerveau résiste, l'estomac cause la ruine de tout l'organisme et par lui-même celle du cerveau ; l'homme meurt de faim.

Tant que les poumons respirent à l'aise, un sang vivificateur, c'est-à-dire *puissant*, circule dans l'organisme. Si le cerveau refuse de faire marcher les poumons ou les conduit dans un milieu malsain, ceux-ci préviennent le cerveau de leur besoin par l'angoisse qui peut se traduire : Donne-nous de l'air pur, si tu veux que nous fassions marcher la machine. Si le cerveau n'a plus assez d'autorité pour le faire, les jambes ne lui obéissent plus, elles sont trop faibles, tout s'écroule et l'homme meurt d'asphyxie.

Nous pourrions pousser cette étude plus loin, mais nous pensons qu'elle suffit à montrer au lecteur le jeu des trois grandes puissances : Economie, Pouvoir, Autorité, dans l'organisme humain.

Retrouvons maintenant ces grandes divisions dans la société.

Réunissez en un groupe toute la richesse d'un pays avec tous ses moyens d'action, agriculture, commerce, industrie, vous aurez le ventre de ce pays, constituant la source de son ÉCONOMIE.

Réunissez en un groupe toute l'armée, tous les magistrats d'un pays, vous aurez la poitrine de ce pays, constituant la source de son POUVOIR.

Réunissez en un groupe tous les professeurs, tous les savants, tous les membres de tous les cultes, tous les littérateurs d'un pays, vous aurez le cerveau de ce pays, constituant la source de son AUTORITÉ.

Voulez-vous maintenant découvrir le rapport scientifique de ces groupes entre eux, dites :

<pre>
VENTRE   = ÉCONOMIE = ÉCONOMIQUE
POITRINE = POUVOIR = JURIDIQUE
TÊTE   = AUTORITÉ = ENSEIGNANT
</pre>

et établissez les rapports physiologiques.

Qu'arrivera-t-il si dans un État l'Autorité refuse de donner satisfaction aux justes réclamations des gouvernés ?

Etablissez cela analogiquement et dites :

Qu'arrivera-t-il si dans un organisme le cerveau refuse de donner satisfaction aux justes réclamations de l'estomac ?

La réponse est facile à prévoir. L'estomac fera souffrir le cerveau et finalement l'homme mourra.

Les gouvernés feront souffrir les gouvernants et finalement la nation périra.

La loi est fatale.

Ainsi dans la physiologie du social comme dans celle de l'homme individuel, il existe un double courant :

1° Courant des gouvernants aux gouvernés, analogue au courant du système nerveux ganglionnaire aux organes viscéraux ;

2° Courant réactionnel des gouvernés aux gouvernants, analogue au courant des fonctions viscérales aux fonctions nerveuses.

Les pouvoirs *Enseignant, Juridique, Economique,* constituent le second courant.

Le premier est formé par les pouvoirs *Législatif, Judiciaire, Exécutif.*

Tels sont les deux pôles, les deux plateaux de la balance synarchique.

Nous avons choisi cette façon d'exposer le système de M. Saint-Yves d'Alveydre afin de mieux faire sentir à tous son caractère dominant : une analogie toujours strictement observée avec les manifestations de la vie dans la nature.

Tel est et sera toujours le cachet d'une création se rattachant au véritable ésotérisme ; tout système social ne suivant pas analogiquement les évolutions naturelles est un rêve et rien de plus.

On voit que, somme toute, la découverte mise à jour dans les *Missions* est celle de la loi des gouvernés *Enseignant, Juridique, Economique*; car la loi des gouvernants *Législatif, Judiciaire, Exécutif* est connue depuis bien longtemps, transmise par le monde païen.

Déterminer scientifiquement l'existence et la loi de la vie organique d'un peuple ; déterminer de même la vie de relation de peuple à peuple et de race à race : tels sont les problèmes étudiés dans les ouvrages de Saint-Yves d'Alveydre. Partout la vie doit suivre des lois analogues; aussi, pour ne parler qu'en passant de la vie de relation des peuples européens entre eux, il ne faut pas être grand clerc pour voir son organisation anti-naturelle. Représentez vous, en effet, des individus agissant entre eux

comme le font les grandes puissances? Combien de temps reste-
raient-ils sans aller à Mazas? La loi qui règle aujourd'hui les re-
lations de peuple à peuple c'est celle des brigands, toujours
armés, toujours prêts à s'allier pour tomber sur le plus faible
et se partager sa fortune. Quel exemple pour les citoyens !

C'est pourquoi l'ésotérisme peut scientifiquement parler à tous
les peuples et leur dire :

« Changez vos rois, changez vos gouvernements, vous ne ferez
rien qu'aggraver vos maux. Ceux-ci viennent non pas de la forme
gouvernementale, mais bien de la Loi qui la constitue. Appliquez
la loi de la nature et l'avenir s'ouvrira radieux pour vous et vos
enfants ! »

Je viens d'exposer le mieux qu'il m'a été possible le système
social défendu par M. Saint-Yves d'Alveydre. Par quel moyen
cet auteur a-t-il eu connaissance de cette loi sociale ?

C'est ce que nous allons essayer de découvrir.

L'étude approfondie qu'il avait faite de Fabre d'Olivet (1), les
efforts qu'il consacra à vérifier toutes les sources de cet auteur
dans les originaux l'amenèrent fatalement à cette conclusion : il
a existé, à une époque très éloignée de la nôtre, un Empire
Universel sur la Terre.

Poursuivant l'étude de cet empire universel, il rechercha
quelle en était la constitution et le fonctionnement. C'est là qu'il
découvrit l'existence de la Loi Sociale Trinitaire.

En cherchant quelle fut l'époque et la cause de sa chute, il fut
amené à constater la loi exclusivement politique qu'il appela *Loi
de Nemrod*, opposée du tout au tout à la précédente.

Enfin en suivant à la piste la transmission de la Loi Sociale
trinitaire de sanctuaire en sanctuaire depuis l'Inde, il y a
86 siècles, jusqu'à Jésus, il fut amené à constater l'existence d'une
chaîne ininterrompue qu'il trouva du reste mentionnée *dans le
XIe chapitre* de la Cosmogonie de Moïse, traduite ésotérique-
ment.

Cette chaîne passait des sanctuaires Indous aux Égyptiens
avec Abraham comme chaînon, et des Égyptiens au peuple Juif
avec Moïse. Jésus marque le passage du mouvement des transmis-
sions aux peuples chrétiens; de là le nom de *Loi Sociale Judéo-*

---

(1) Comme il le déclare franchement dans la *Mission des Juifs* et dans la
France Vraie.

Chrétienne donné par Saint-Yves à la loi trinitaire de l'Empire Universel.

Comme on peut le voir, c'est en alliant harmonieusement le Paganisme au Judaïsme et celui-ci au Christianisme qu'il a fait surgir du contact des deux pôles opposés la synthèse sociale.

Il nous reste à revenir sur quelques-unes de nos affirmations pour les prouver.

Nous avons dit que Saint-Yves avait vérifié les sources de Fabre d'Olivet dans les originaux. Nous ajouterons qu'il suffit de parcourir le chapitre IV de la *Mission des Juifs* ainsi que beaucoup de points divers de cet ouvrage pour avoir la certitude de la vérité de cette assertion. Il est inutile de montrer longuement l'avantage que retire un auteur de l'étude des maîtres dans leurs œuvres et non dans celles de leurs disciples. L'histoire de la philosophie tout entière est là pour le dire. C'est donc grâce à ce travail sur les originaux que Saint-Yves a pu découvrir l'alliance des deux contraires que Fabre d'Olivet n'a pas essayé de traiter.

Nous avons dit de plus que c'est en traduisant le XIe chapitre de la Cosmogonie de Moïse que Saint-Yves avait trouvé la relation de cette transmission séculaire de la loi sociale.

Cette traduction d'un chapitre que Fabre d'Olivet n'a pas abordé montre encore les connaissances personnelles en linguistique de l'auteur de la *Mission des Juifs*. Certains procédés qu'il emploie, entre autres celui de la lecture des mots hébreux de gauche à droite, lui sont également personnels.

Enfin quand nous aurons cité l'application de la Loi Sociale à l'histoire de la France, nous aurons terminé les principaux points par lesquels notre auteur affirme son indépendance vis-à-vis de Fabre d'Olivet.

Comment résumerons-nous maintenant l'œuvre de Saint-Yves d'après ses ouvrages parus jusqu'à ce jour ?

A notre avis Saint-Yves d'Alveydre a fait pour le *Social* ce que Louis Lucas a fait pour la *Chimie* et la *Physique*, Wronski pour les *Mathématiques*, Fabre d'Olivet pour la *Linguistique* et la *Cosmogonie*.

*
* *

Nous avons promis de ne pas poser nous-même de conclusions ; aussi laissons-nous maintenant le lecteur libre de juger à sa guise d'après l'étude qu'il vient de parcourir. Nous avons fait tous nos efforts pour rendre les méthodes respectives des deux auteurs aussi claires que possible ; toutefois nous conseillons au lecteur

sérieux de ne juger définitivement qu'après avoir vérifié nos asser-
tions dans les originaux. Puisse le chercheur comprendre par là
l'élévation intellectuelle que peuvent atteindre ceux qui, vain-
queurs des découragements et des préjugés, abordent avec courage l'étude de la Science Occulte !

Papus (M. S. T.).

4047. — Tours, Imp. E. Arrault et Cie.

L'ISIS

BRANCHE FRANÇAISE DE LA SOCIÉTÉ THÉOSOPHIQUE

Fondée à Paris en Juillet 1887

Lux !

But. — Comme la Société théosophique, dont elle relève, l'Isis a pour but :

1° La réalisation d'une fraternité universelle entre les hommes, sans distinction de croyance, de race ou de couleur.

2° L'étude des philosophies, sciences et religions des antiques Aryens et autres orientaux.

3° Le développement des virtualités latentes en l'homme.

Principes. — Le rejet de la foi aveugle, de la négation *a priori*, du dogmatisme religieux ou prétendu scientifique, la tolérance mutuelle, telles sont les seules exigences de la société à l'égard des adhérents.

Toutes les opinions, toutes les croyances sincères, sont acceptées et représentées dans la Société théosophique, car elle se coordonnent et s'harmonisent dans une synthèse supérieure, dès qu'on s'unit pour la recherche désintéressée du Vrai.

Conditions. — Pour venir en aide à tous les chercheurs sincères, qui n'ont pas eu les moyens de se faire une opinion raisonnée, l'Isis reçoit tous les candidats sans autres conditions que d'être présentés par *deux membres* réguliers de la Société et de payer une cotisation annuelle de *cinq francs*.

Le bureau de l'Isis se charge, en outre, de toutes les formalités et correspondances nécessaires pour l'admission de ses membres et même des étrangers, dans la Société théosophique d'Adyar.

Propagande. — La propagande de l'*Isis* sera organisée bientôt sur des bases sérieuses et vraiment profitables à l'instruction théosophique mutuelle de tous ses membres.

Renseignements. — S'adresser pour les renseignements :

Au siège social de l'*Isis*, 122, boulevard Saint-Germain à M. Léjay, secrétaire.

A M. Papus, délégué d'Adyar, à Paris, 14, rue de Strasbourg.